Serie JELU-RUEMAR

Propuestas para optimizar la enseñanza y el aprendizaje de la matemática.

ELIMINACIÓN
REDUCCIÓN
GAUSSIANO

Cuadratica
Lineal
Cúbica
Sistema
Intervalos

MATEMATICA

Quinto tomo

Valores- Funciones-
Ecuaciones-Inecuaciones

POR: Scarlet C. Rueda M

2019

Serie Jelu-Ruemar. Scarlet C. Rueda M.

PRESENTACION

El concepto de función parte de la idea de relación y se define por las leyes, reglas o definición de la relación lo que para algunos les suele parecer que los términos relación, ecuación, función son iguales; por lo que considero importante comenzar por diferenciarlos de manera sencilla, así:

Una **relación** es una correspondencia entre los elementos de dos conjuntos.

Una **ecuación** es una relación que establece una igualdad, por ejemplo, x+3=10

Una **función** es una relación entre variables una dependiente y una independiente F(x)=y, que cumple dos condiciones específicas a saber;

1) Todos los elementos del conjunto de partida se relacionan con algún elemento del conjunto de llegada.
2) Los elementos se relacionan una única vez

Por ende, se afirma que:
   a) Toda función es relación
   b) No toda relación es función
   c) Las ecuaciones son las leyes o definiciones de las funciones, por lo que los tipos de funciones toman el nombre de las ecuaciones.

El quinto volumen de la serie JELU.
Está dedicado a: El Valor absoluto; Las Funciones.; Las Ecuaciones y Las Inecuaciones
Tópicos que el lector no suele comparar, pero si confundir, por lo que lo que se pretende es destacar, que, aunque los términos sean tan similares, definen acciones muy específicas.

Serie Jelu-Ruemar. Scarlet C. Rueda M.

La autora

SEMBLANZA DE LA AUTORA

La profesora Scarlet C. Rueda M. es egresada, en la especialidad de Matemática, del Instituto Universitario Pedagógico Experimental "Rafael Alberto Escobar Lara" ubicado en la ciudad de Maracay. Estado Aragua. Venezuela.

Ha incursionado en la docencia desde el subsistema de pre escolar hasta educación superior, incluyendo educación especial. Entre los institutos donde ha desempeñado su labor se cuentan:

I.E.E Pre-escolar de Audición y Lenguaje. "Maracay".
C.P.A.P.E.P "La Candelaria".
E.B "Simón Bolívar" C.B.C "Cruz Verde"
C.B "Magdaleno"
U.B.E "José Rafael Revenga"
ESCUBAFAN
UBA
IUPFAN
IUPE" RAFAEL ALBERTO ESCOBAR LARA"
INCE-EPA
UNEFA. IUTELV. Maracay. Entre otros...

Ha publicado otras obras certificadas tales como:
ALGEBRA LINEAL
FISICA BÁSICA
MANUAL PRACTICO DE PLANIFICACIÓN EL AULA PROYECTO PEDAGOGICO. CONTROL ADMINISTRATIVO.
El AULA: MANUAL PARA EL TRABAJO PRÁCTICO DEL DOCENTE ADAPTADO AL NUEVO CURRICULO BASICO NACIONAL. Entre otras.

Serie Jelu-Ruemar. Scarlet C. Rueda M.

VALOR ABSOLUTO:

Es un valor numérico asociado a otro, sin tomar en cuenta su signo, por lo que es usado como base de otras nociones como distancia, modulo o magnitud, norma que has conocido o conocerás en áreas como la física, el álgebra, la geometría entre otras; pues estas, siempre son positivas. Se representa por un par de barras y dentro de ellas la expresión que recibe el nombre de argumento.

En el conjunto de los números reales se define así:

$$|a| = \begin{cases} a & si\ a > 0 \\ -a & si\ a < 0 \end{cases}$$

Lo que indica que el valor absoluto es el mismo argumento si este es positivo o es su opuesto si es negativo.

Propiedades:

En resolución de ecuaciones se usan principalmente

- El cuadrado del valor absoluto es igual al cuadrado del argumento o el valor absoluto de un cuadrado es el mismo
  $|x|^2 = x^2$ v $|x^2| = x^2$
- El valor absoluto de la raíz cuadrada de un numero cuadrado perfecto es igual al valor absoluto de la base en la cantidad subradical
  $|\sqrt{x^2}| = |x|$

- El valor absoluto de una suma es igual a la suma de los valores absolutos de los sumandos si el producto de ellos es positivo o igual a cero
  $|x+y|=|x|+|y|$ si x.y≥0
- El valor absoluto de una diferencia es igual a la suma del minuendo con el sustraendo si su producto es negativo o igual a cero
  $|x-y|=|x|+|y|$ si x.y≤0

En resolución de inecuaciones se usan principalmente:

- Si un valor absoluto es mayor o mayor o igual que otro entonces el producto de la suma de los argumentos por su diferencia mantienen esa desigualdad respecto al cero y también cumplen que el argumento del mayor es mayor que el del menor o menor que el opuesto.
  $|x|>|a|$ →(x+a)(x-a)>0
  $|x|≥|a|$ →(x+a)(x-a)≥0
  $|x|>|a|$ → x>a v x< -a
  $|x|≥|a|$ → x≥a v x≤ -a

- Si un valor absoluto es menor o menor o igual que otro entonces el producto de la suma de sus argumentos por su diferencia mantiene la desigualdad respecto al cero y también cumplen que si el mayor es positivo entonces el menor se encuentra entre él y su opuesto.

$|x|<|a| \to (x+a)(x-a)<0$
$|x|\leq|a| \to (x+a)(x-a)\leq 0$
$|x| < |a| \to$ -a> x< a
$|x| \leq |a| \to$ -a ≥ x≤ a

Los usos de estas propiedades serán ejemplificados más adelante en el desarrollo de los temas Ecuaciones e Inecuaciones.

FUNCIÓN

Antes de hablar de función debemos recordar que los elementos de una relación son:

El conjunto de partida: que contiene los elementos a los que se aplica la definición de la relación

El conjunto de llegada donde están los elementos con quien se relacionan los del conjunto de partida

Ley de correspondencia o definición de la relación

El nombre de la relación que es una letra mayúscula R, S T, V, ...

La notación simbólica de una relación que es, R: A→B; R(a)=b que se lee la relación R definida del conjunto de partida A y hacia el conjunto de llegada B bajo la ley de correspondencia R(a)=b

DEFINICIÓN DE FUNCIÓN

En general

Una función es una relación entre los elementos de dos conjuntos (partida y llegada),a través de una ley, formula o definición que cumple con las siguientes condiciones

i) Todos los elementos del conjunto de partida están relacionados con algún elemento del conjunto de llegada

ii) La relación es única, es decir cada elemento del conjunto de partida se relaciona con un único elemento del conjunto de llegada.

En particular:

Se define como la correspondencia única entre magnitudes (dependientes e independientes), a efectos de aplicación, es decir cuando se conceptualiza por fórmulas que establecen proporcionalidad entre magnitudes (directa o inversa).

SIMBOLOGÍA:

F: A $\longrightarrow$ B / F(x)=y

Se lee la función efe desde el conjunto A hacia el conjunto B, definida por ...

Donde F es el nombre de la función

A es el conjunto de partida

B es el conjunto de llegada

F(x)=y es la ley o definición

ELEMENTOS DE UNA FUNCIÓN

Dominio: Que son los elementos del conjunto de partida o conjunto inicial, es decir si la relación es función el conjunto de partida recibe el nombre de

Dominio de la función y todos sus elementos cumplen con la definición de la función; en aplicaciones se dice que es el conjunto de valores que toma la variable independiente.

Argumento: Son los elementos del dominio al ubicarlos como subíndices del nombre de la función para aplicarles la correspondiente definición

Rango: Que es un subconjunto del conjunto de llegada y está conformado por los elementos con quien se relacionan los elementos del dominio. En particular es el conjunto de valores que toma la variable dependiente

Imagen: Son los elementos del rango por lo que suele llamarse también al rango conjunto de imágenes.

Esto es: si $V: N \rightarrow z^+$
$V(t)=d$ es una definición de una función entonces
V es el nombre de la función
t es el argumento
d es la imagen. Y pertenece al rango ; $Rgo C z^+$
N es el dominio.

En resumen, cuando en una relación todos los elementos del conjunto de partida se relacionan una *única* vez con algún elemento del conjunto de llegada esta pasa a ser función y se caracteriza por:

Una definición de la función (ley, fórmula)
Una letra mayúscula (F, G, H; ...) que es el nombre de la función.
El conjunto de partida pasa a llamarse Dominio de la función
Los elementos del conjunto de llegada con quien se relacionan los elementos del dominio formaran el rango o conjunto de imágenes, y cada uno se llama imagen.

LECTURA VS INTERPRETACIÓN DE LA DEFINICIÓN DE LAS FUNCIONES.

Una lectura interpretativa de la definición de la función nos permite obtener de forma rápida y con menor margen de error, la imagen correspondiente para cada elemento del dominio.
Por lo general se acostumbra a leer siempre la definición como un f de equis es ...lo que dificulta tanto la escritura como la sustitución correcta cuando el argumento no es equis, por ejemplo

Si se tiene que $F(x)=2x+3$
Suele leerse "efe de equis es dos equis más tres" lo cual es correcto, mas no ideal para efectos de la búsqueda de la imagen de otro argumento; por lo que es recomendable hacer una lectura interpretativa es decir en términos de la que hay que

hacer y a quien se aplicara. Por ende, en el ejemplo lo ideal sería leerlo así:

Al "argumento lo duplicamos y aumentamos en tres unidades" o lo que es lo mismo "al doble del argumento le adicionamos tres unidades".

De tal manera que si para la definición anterior se requiere obtener F(3x), entonces resultara más útil la lectura interpretativa es decir al argumento (3x) lo duplicamos (multiplicar por dos) y lo aumentamos en tres unidades (adicionar 3).

Así F(3x) =2(3x) +3=6x+3, luego F(3x) =6x+3

Veamos otros ejemplos de cómo realizar la lectura interpretativa de las definiciones de funciones

1) H(v)=3v-5

    Al argumento v lo triplicamos y luego disminuimos en cinco unidades

2) G(t)=$\frac{2t^2+1}{3}$

    Al argumento (t) lo elevamos al cuadrado, lo duplicamos, lo aumentamos en una unidad y lo dividimos entre tres.

3) J(v+y)=$((v+y)-3)^2$

Al argumento (v+y) lo disminuimos en tres unidades y luego obtenemos el cuadrado perfecto (elevamos al cuadrado)

4) $V(t-5) = \frac{1}{3}(t-5) + (t-5)^3$

Al argumento (t-5) le extraemos un tercio y lo aumentamos en su cubo.

5) $F(x) = \sqrt{x}$

Al argumento le extraemos su raíz cuadrada

Como se puede observar el argumento no siempre es equis, y además puede ser cualquier ente matemático conocido.

Para obtener la imagen correspondiente a un argumento solo hay que aplicarle la definición de la función y luego efectuar o simplificar lo obtenido según el caso.

Ejemplos:

i) Para $F(h) = 3h^2 + 2$ vamos a obtener :

$F(h+1); F(y); F(x-3); F(2m^2 - 5m); F(\sqrt{x^2 + 2}$

Como la definición me indica que al cuadrado del argumento lo triplico y luego aumento en dos unidades, esto es lo que se va a aplicar en cada caso.

.i) F(h+1)=$3(h+1)^2$+2=$3(h^2+2h+1)$+2=$3h^2$+6h+3+2= $3h^2$+6h+5.
Por lo tanto   F(h+1)= $3h^2$+6h+5

.ii) F(y)=$3y^2$+2

.iii) F(x-3)=$3(x-3)^2+2$=3(x^2-6x+9)+2= $3x^2$- 18x+27+2=
$3x^2$-18x+29 luego F(x-3)= $3x^2$-18x+29
.iv) F($2m^2-5m$)=3
$(2m^2-5m)^2+2$= $12m^2$-$36m^3$+$75m^2$

v) F($\sqrt{x^2+2}$)= $3\left(\sqrt{x^2+2}\right)^2$+2= $3(x^2+2)$+2=$3x^2+6$+2=$3x^2$+8

IMAGEN, VALOR ASOCIADO AL ARGUMENTO DE LAS FUNCIONES

Un caso particular de relaciones son las funciones, las cuales tienen asociado a su argumento un valor que se obtiene según la definición de la función.

Este valor es denominado imagen y se simboliza así:

F(b)=1 se lee. La imagen de b a través de F es uno; lo que indica que el valor asociado a b a través de F es uno

G(-5)=b se lee la imagen de menos dos a través de G es b.

Lo que indica que el valor asociado a menos cinco a través de G es b.

H(3/5)=-7 se lee la imagen de 3/5 a través de H es menos siete; lo que indica que el valor asociado a tres quintos a través de H es menos siete.

Ejemplos:

Sea F(x)= $5x - 7$ .vamos a obtener los valores asociados a los argumentos de la función F .cuando x=10; x=-11; x=3/5

a) F(10)=5 (10)-7= 50 -7=43.Luego La imagen de diez es 43.Lo que indica que ;el valor asociado al argumento de la función F cuando es igual a 10 es cuarenta y siete Simbólicamente: Para F(x)= $5x - 7 \land x = 10$; F(10)=43

b) F(-11)= 5(−11) − 7 =-55-7=- 62 Luego F(-11)=- 62.

c) F(3/5)= 5($\frac{3}{5}$) − 7 =3- 7= -4 Por tanto F(3/5)= -4

Hay casos, para funciones particulares, donde el valor asociado recibe otro nombre, por ejemplo:
El valor asociado a una matriz cuadrada se denomina DETERMINANTE, (información en volumen 6).
El valor asociado a los polinomios recibe el nombre de Verdadero Valor.
Se obtiene sustituyendo la variable del polinomio por el valor numérico, respecto al cual se quiere calcular el valor asociado al polinomio, o verdadero valor.
Cualquiera que sea el grado del polinomio este siempre tendrá, para cada valor real un valor asociado.
Simbólicamente esto es: $\forall P(x); \forall n \in \mathbb{R} \ni P(n) \in \mathbb{R}$
Para cada polinomio, por cada número real existe otro número real q, talque p(n) =q es otro número real.
Ejemplo:
Sea p(x)= $3x^3 - 2x^2 + 5x - 7$ .vamos a obtener los valores asociados al polinomio p(x) para cada uno de los siguientes números reales:
-1;3;1/2;

a) P(-1)=3$(-1)^3$ -2$(-1)^2$+5(-1)-7=-3-2-5-7=

-17. Luego El valor asociado al polinomio P(x), cuando la variable vale menos uno, es menos diecisiete. Simbólicamente: Para P(x)= $3x^3 - 2x^2 + 5x - 7$ $\wedge$ $x=-1$;P(-1)=-17

b) P(3)= $3(3)^3 - 2(3)^2 + 5(3) - 7$ =81-18+15-7=71 Luego P(3)=71.

c) P(1/2)= $3(\frac{1}{2})^3 - 2(\frac{1}{2})^2 + 5(\frac{1}{2}) - 7 = \frac{3}{8} - \frac{2}{4} + \frac{5}{2} - 7 = \frac{3-4+20-56}{8} = \frac{37}{8}$ Por tanto P(1/2)=$\frac{37}{8}$

TIPOS DE FUNCIONES

NOMBRE-DOMINIO Y RANGO	ASPECTOS GENERALES	
	Definición simbólica	Forma de la Grafica
Constante Domf:R Rgof:{k} Es un conjunto unitario donde el único elemento es la constante o valor fijo.	F(x)=k , k valor fijo	Es una línea recta paralela al eje x que pasa por la constante
Identidad Domf=Rangof	F(x)=x	Es una línea recta que pasa por el origen y de pendiente uno

Afín Domf:R Rangof: (-∞,∞) es el intervalo de extremos el menor y el mayor valor que puede tomar la imagen	F(x)=mx	Es una línea recta que pasa por el origen de coordenadas
Lineal DomF:R Rangof: subconunto de R (Intervalos o R)	F((x)=mx+n	Es una línea recta tal que si la pendiente es positiva se inclina hacia la derecha; m>o, pero si es negativa la recta se inclina hacia la izquierda; m<0
Cuadrática Domf:R Rangof: intervalo.donde el menor valor es la menor coordenada del punto vértice de la	F(x)=ax^2+bx+c, a≠0	Es una parábola que abre hacia arriba si el coeficiente del termino de grado 2 es positivo; a>0. Y abre hacia abajo si el coeficiente del termino de grado

parábola con tendencia al infinito ;[v,∞)si esta abre hacia arriba o desde el menos infinito a la coordenada de mayor valor del punto vértice ;(-∞,v)si abre hacia abajo		dos es negativo; a<0
Cubica Domf:R Rangof:(-∞,∞)	$F(x)=ax^3+bx^2+cx+d$ $a\neq 0$	Presenta la forma
Racional Dom: R-{x∈R/Q(x)=0} Rangof:R-{x∈R/x=p} p es coordenada de corte de la asíntota con los ejes según sea	$F(x)=\frac{P(x)}{Q(x)}$,Q(x)≠0	Presenta asíntotas

asíntota vertical o asíntota horizontal		
Exponencial Domf:R Rangof:{x∈R/ x>0}	$F(x)=a^{G(x)}$; a>0 y a≠1	Es una curva ascendente si el valor de la base de la función es mayor uno;a>1 Es una curva descendente si el valor la base está entre cero y uno;0<a<1
Logarítmica Domf:(0,∞) Rangof:R	$F(x)=\log_a G(x)$ a>0 ∧ a≠1	Por ser esta función inversa a la exponencial la grafica es simétrica a la exponencial
Irracional Si n es par : Domf:son los valores que hacen que la cantidad subradical sea positiva Rangof:{x∈R/ x≥0} Si n es impar:	$F(x)=\sqrt[n]{G(x)}$	Es una curva ascendente ubicada por encima del eje de las abscisas

Domf:R Rangof: Intervalo desde el punto de corte en eje de las abscisas hacia donde crece si va hacia los valores positivos ;(x,∞),o desde donde crece hacia el punto de corte en eje de abscisas si va hacia los valores negativos;(-∞,x) O (-∞,∞) si va en ambos sentidos.		
Valor absoluto Domf=R Rangof={x∈R /x≥0}	$F(x)=\lvert G(x) \rvert$	Es una curva en forma de " V "

Cabe destacar que las funciones constante, identidad, afín, lineal, cuadrática y cubica son en general funciones poli nómicas de forma general $P(x)=a_0+a_1x+a_2x^2+...+a_nx^n$.

De tal forma que:

Solo no nulo a_0 $es\ funcion\ contaste$ F(x)= a_0 a_0 es un valor fijo

Solo no nulo el termino de grado uno(a_1x) y con a_1=1 es la función Identidad F(x)=x

Solo no nulo el termino de grado uno(a_1x) y con a_1≠1 es la función Afín F(x)= a_1x

Un polinomio completo de grado uno (a_0+a_1x) es la función lineal F(x)= a_1x + a_0 donde $a_1 es\ la\ pendiente$ "m" y a_0 es el punto de corte con el eje de las variables dependientes o eje y "b".

Un polinomio de grado dos es la función cuadrática

Un polinomio de grado tres define a la función cubica

Las funciones logarítmica y exponencial se identifican como funciones trascendentales al igual que las trigonométricas (seno, coseno, tangente, secante, cosecante y cotangente)

Las funciones Racional, irracional y valor absoluto son conocidas como funciones especiales

Cada tipo de función surge según la definición y posee una gráfica particular que permite identificarla desde su representación.

En virtud de lo anterior podemos destacar que las funciones se clasifican en tres grupos: Polinómicas, Trascendentales y Especiales.

Hay otras funciones que surgen según la aplicación como las funciones por parte, escalón, diente de sierra o según el área de estudio como las trigonométricas (geometría) que tienen muchas aplicaciones; según la ciencia donde se presenten; función aceleración, función costo, función crecimiento de la población etc. e inclusive el nivel de estudio como la función "numero de lados de un polígono"; "numero de colores de la bandera", edad de los niños del preescolar sección "A" , etc.

Para el uso e interpretación de las gráficas de funciones se consideran otras características tales como: simetría; ósea puede ser simétrica, en cuyo caso posee ejes de simetría o asimétrica paridad esto es una función puede ser par o impar, crecimiento óseo que puede ser creciente o decreciente...entre otras.

OPERACIONES ENTRE FUNCIONES

Nombre	Elementos	Resultado	Forma general
Adición	funciones sumandos	función suma	f(x)+g(x) = (f+g)(x)
Sustracción	función minuendo y función sustraendo	función diferencia	f(x)-g(x) = (f-g)(x)
Multiplicación	funciones factores	función producto	f(x).g(x) = (f.g)(x)
División	función dividendo y función divisor	función cociente	f(x) /g(x) = (f/g)(x)
Composición	compuestas	función compuesta	f(g(x))= (f°g)(x)

La función suma es igual a la suma de las funciones sumandos; $(F+G)(x)=F(x)+G(x)$

La función diferencia es igual a la diferencia de la función minuendo respecto de la función sustraendo.
$(F-G)(x)=F(x)-G(x)$

La función producto es igual al producto de las funciones factores
$(F.G)(x)=F(x).G(x)$

La función cociente es igual al cociente de la función dividendo respecto a la función divisor
$(F/G)(x)=F(X)/G(x)$ $G(X)\neq 0$...(la función divisor no nula)

Por lo tanto, se puede indicar que:
- La imagen de una suma es igual a la suma de las imágenes de los sumandos:
 $F(x+y)=F(x)+F(y)$

- La imagen de una diferencia es igual a la diferencia de las imágenes del minuendo respecto al sustraendo:
 $F(x-y)=F(x)-F(y)$

- La imagen de un producto es igual al producto de las imágenes de los factores:
 $F(x.y)=F(x).F(y)$

- La imagen de un cociente es igual al cociente de las imágenes del dividendo respecto al divisor; con divisor no nulo:
F(x/y) =F(x)/F(y); F(y)≠0
- La imagen de una función compuesta es la imagen de la imagen de las funciones de la composición: (FoG)(x)=F(G(x))

En cada una el dominio es la intersección de los dominios de las funciones relacionadas es decir, los dominios de las funciones sumandos, el dominio de la función minuendo con el dominio de la función sustraendo, el dominio de las funciones factores, el dominio de la función dividendo con los elementos que no anulen la función divisor

Una operación propia de las funciones es la composición de funciones que consiste en aplicar de manera ordenada varias definiciones a partir del argumento inicial sobre las imágenes que se van obteniendo.
(G°F)(x)=G(F(x))

Veamos un ejemplo sencillo para comparar las operaciones.

...Para F(x)=x^2+2x+1 y G(x)= x^2-1 obtener
1) La función suma
2) Una función diferencia
3) La función producto
4) Una función cociente
5) Una función compuesta

1) $(F+G)(x)=F(x)+G(x)=(x^2+2x+1)+(x^2-1)=2x^2+2x$

2) $(F-G)(x)=F(x)-G(x)=(x^2+2x+1)-(x^2-1)=$
$x^2+2x+1-x^2+1=2x+2$

3) $(F.G)(x)=F(x).G(x)=(x^2+2x+1).(x^2-1)$
$=x^4-x^2+2x^3-2x+x^2-1= x^4+2x^3-2x-1$

4) $(F/G)(x)=F(x)/G(x)=(x^2+2x+1)/(x^2-1)$
$=\dfrac{(x+1)(x+1)}{(x+1)(x-1)} =(x+1)/(x-1)$

5) $(F°G)(x)=F(G(x))=F(x^2-1)=(x^2-1)^2+2(x^2-1)+1$
$=x^4-2x^2+1+2x^2-2+1=x^4$

Nótese que en las indicaciones se han usado los artículos La y Una esto obedece a que en la adición y en la multiplicación se cumple la propiedad conmutativa respectiva es decir el orden de las funciones sumandos no altera la función suma y el orden de las funciones factores no altera la función producto. Pero en los otros casos al invertir el orden de las funciones se obtienen otros resultados pues son anticonmutativas, con la salvedad de la compuesta que puede ser conmutativa si una de las compuestas es la función identidad.

Resolviendo los otros casos podemos confirmar lo anterior, se obtiene:
$(G-F)(x)=G(x)-F(x)=(x^2-1)-(x^2+2x+1)=$
$x^2-1-x^2-2x-1=-2x-2$

Serie Jelu-Ruemar. Scarlet C. Rueda M.

$(G/F)(x) = G(x)/F(x) = (x^2 - 1)/(x^2 + 2x + 1) =$ (x+1)(x-1)/(x+1)(x+1) =(x-1)/(x+1)

$(G \circ F)(x)$=G(F(x))=G(x^2+2x+1)=$((x^2 + 2x) + 1)^2$-1=$(x^2 + 2x)^2$+2$(x^2 + 2x)$+1=x^2+4x^3+4x^2+2x^2+4x+1=4x^3+7x^2+4x+1.

Si comparas con los resultados anteriores podrás observar que la función diferencia obtenida es un polinomio opuesto al anterior y la función cociente es un polinomio inverso al anterior. Lo que sirve de referencia para tener la certeza de que los resultados obtenidos son correctos o no se cometieron errores de cálculo en el proceso.

REPRESENTACION DE FUNCIONES

Podemos interpretar, evaluar o estudiar una función, es decir decidir en qué forma se relacionan los elementos del dominio con los correspondientes elementos del rango de varias formas

1) Obteniendo las imágenes para los elementos del dominio a partir de la definición de la función, por ejemplo

    F:A→B F(x)=2x ; A={1,2,3} ;B={2,4,6}
    F(1)=2.1=2
    F(2)=2.2=4
    F(3)=2.3=6

    F es función ya que todos los elementos de A tienen imagen única en B. Es poli nómica de grado uno con termino independiente nulo por ende representa a la función Afín.

2) Desde una representación sagital que consiste en dos ovalos cada uno representa el dominio y rango respectivamente.

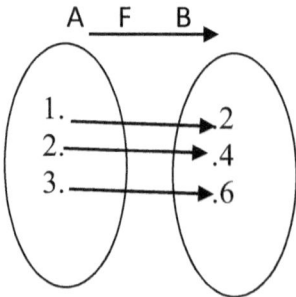

Se observa que cada elemento del dominio se relaciona con su doble en el rango pues se forman los pares (1,2), (2,4), (3,6).

Todos los elementos del dominio tienen imagen única

por lo tanto, se confirma que es función.

Se puede escribir simbólicamente así

F:A ⟶ B definida por: F(x)=2x

3) En una representación tabular es decir en una tabla de valores.

Variables Independientes x	Variables dependientes y
1	2
2	4
3	6

Los valores en la tabla indican que

1R2;

2R4;

3R6

Es decir, cada uno se relaciona con su doble por tanto representa la función F(x)=2x que es una función afín.

4) En una representación gráfica que consiste en un trazo de unión de puntos sobre un sistema de coordenadas. El cual consta de dos líneas perpendiculares conocidas como eje de las abscisas donde se ubican los valores de la variable independiente y eje de las ordenadas donde se ubican los valores de la variable dependiente, el punto de intersección de estos dos ejes es denominado origen de coordenadas y corresponde al punto de coordenadas (0,0)

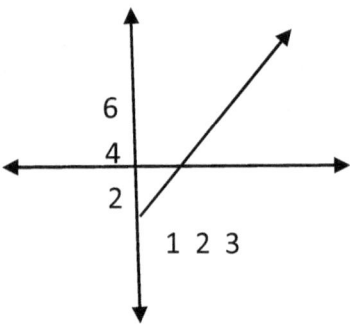

En la gráfica se deduce que es una función afín, que la imagen de 1 es 2 la imagen de 2 es 4 y la imagen de 3 es 6.

Esto es:

F(1)=2;
F(2)=4;
F(3)=6.

O los pares ordenados

(1,2);
(2,4);
(3,6)

Donde la primera componente representa la variable independiente y la segunda a la variable dependiente.

Domf={1,2,3} Ubicado en el eje de las abscisas
Rgof={2,4,6} Ubicado en el eje de las ordenadas

CLASIFICACION DE FUNCIONES

De acuerdo al conjunto de imágenes una función se clasifica en:

i) Inyectiva: Si las imágenes son propias es decir Si $F(x)=F(y)$ es porque $x=y$, cada elemento del rango es imagen de un solo elemento del dominio

ii) Sobreyectiva: El rango coincide con el conjunto de llegada; Todos los elementos del conjunto del llegada son imágenes de alguien en el dominio.

iii) Biyectiva: Cuando se cumplen las dos anteriores.

Notas:

Una función puedes ser solo Inyectiva

Una función puede ser solo Sobreyectiva

Una función puede ser no Inyectiva y no Sobreyectiva

Una función puede ser Inyectiva y Sobreyectiva

Ejemplos:

1)

```
   A   F   B
   1. ────→ 2
   2. ────→ 4
   3. ────→ 6
```

En la representación de la función se Observa que:
i) cada imagen es propia por lo tanto es Inyectiva.
ii) Todos los elementos del conjunto llegada son imágenes por tanto F es Sobreyectiva
iii) Por ser inyectiva y sobreyectiva F es Biyectiva

2) Sea $F(x)= 2x+1$ $F:A \to B$; $A=\{0,1,2,3\}$
$B=\{0,1,3,4,5,6,7\}$

Decidir si F es Biyectiva.
Para ser biyectiva debe ser inyectiva y sobreyectiva por tanto:
i) veamos si es inyectiva, para esto debemos obtener las imágenes y ver si son propias

F(0)=2.0+1=1
F(1)=2.1+1=3
F(2)=2.2+1=5
F(3)=2.3+1=7

Se puede observar que las imágenes son propias por tanto F es Inyectiva.
ii) Veamos si es sobreyectiva para lo cual podemos comparar el conjunto B con el conjunto de imágenes
B={0,1,3,4,5,6,7}
Imgf={1,3,5,7}
 Se observa que B≠Imgf
 Es decir, los conjuntos son distintos por tanto no es sobreyectiva

iii) Luego f no es biyectiva por no ser sobreyectiva

ECUACIONES

Descripción: Es toda igualdad que presenta en alguno de sus miembros una incógnita o símbolo literal de valor desconocido y que al calcularlo se establece una igualdad.

Presenta la forma general x+a=b donde se observan dos partes. Una delante del signo "igual a" (=) denominada primer miembro y la otra después de ese signo denominada segundo miembro.

Una ecuación tendrá como solución uno o más valores según su grado. Lo que indica que hay varios tipos de ecuaciones;

1) Según el grado es decir el mayor exponente que tenga el símbolo literal de valor desconocido o incógnita

   Por ejemplo: 3x+6=8 es una ecuación de grado uno

   $3x^2$+6x-8=0 es una ecuación de grado 2 o también llamada ecuación cuadrática.

   x^3-$8x^2$+5x+12=0 es una ecuación de grado 3 o ecuación cubica

2) Según la incógnita:
2.1) Los 3 casos mencionados anteriormente según la incógnita son llamadas ecuaciones polinómicas de

una variable. Las cuales presentan en general la forma:

ax+b=c

ax^2+bx+c=0

ax^3 + bx^2 +cx+d=0

Y así hay otros casos tales como:

2.2) Ecuaciones racionales que presenta la forma $\frac{a}{x+b}$ =c donde la incógnita está en el denominador de la fracción

2.3) Ecuaciones Irracionales que presentan la forma $\sqrt[n]{x}$=a donde la incógnita está en la cantidad subradical

2.4) Ecuaciones con valor absoluto es decir |x|=a

2.5) Ecuaciones exponenciales; son aquellas donde la incógnita está en el exponente de una potencia así: a^x =b

2.6) Ecuaciones Logarítmicas, como su nombre lo indican son logaritmos, pero en su argumento presentan una incógnita. Por lo que su forma es log x=a

2.7) Ecuaciones trigonométricas
En este caso la incógnita está en el argumento de la función trigonométrica; que puede ser

Senx=a; cosy=a; tgz=a o cualquiera de las inversas sec ,csc o ctg.

Nota: Tanto los argumentos, (del valor absoluto, el logaritmo, el seno, el coseno, la tangente, la cotangente, la secante, la cosecante) como las cantidades subradicales, los exponentes y todas las partes donde se encuentre la incógnita puede presentar varias formas esto es polinómica (de grado uno, dos o tres), Fracción, raíz, potencia, producto, entre otras

En cualquiera de los casos o tipos de ecuaciones que se nos presente el objetivo sería obtener el valor o los valores de la incógnita para ello una vez identificada el tipo de ecuación lo siguiente es seleccionar el método para resolverla y esto por supuesto varía según la ecuación.

Para la resolución los básico es el uso de los postulados fundamentales del algebra que nos ayudaran a despejar la incógnita, luego está la factorización, la racionalización, la ecuación de segundo grado; las leyes de la potenciación y de la radicación, los postulados derivados de la regla factor cero, las propiedades de los logaritmos y los exponenciales, las identidades fundamentales, entre otras , que se aplican según se muestra en los ejemplos que se dan en las tablas que recopilan lo mencionado.

Serie Jelu-Ruemar. Scarlet C. Rueda M.

RESOLUCION DE ECUACIONES

a) Polinomica de grado uno: axb=c

En su resolucion se utiliza : Los postulados fundamentales del algebra:

En general indican que si adicionamos,sustraemos,multiplicamos o dividimos ambos lados de una ecuacion por un mismo simbolo la igualdad que ella genera no se altera;estos es

ax+b=c→ax+b+d-d=c+d

ax+b=c→ax+b-d=c-d

ax+b=c→d(ax+b)=d.c

ax+b=c→(ax+b)/d=c/d ; d≠0

Ejemplo

3x+5=8

3x+5-8=8-8

3x-3=0

3x-3+3=0+3

3x-0=3

3x=3

3x/3 =3/3

x=1

Solucion:{1}

Polinomica de grado dos

b) Polinomica de grado dos.: ax^2+bx+c=0

Para obtener los valores de la incogmita se puede usar cualquiera de los siguientesmetodos,según el caso

1) Formula cuadratica: $x = \dfrac{-b \pm \sqrt{b^2-4ac}}{2a}$

2) Factorizacion:

   2.1) $x^2 \pm 2xb + b^2 = 0$

   →(x±b)(x±b)=0

   2.2) $x^2 - b^2 = 0$ →(x+b)(x-b)=0

   2.3) $x^2 + (a+b)x + ab = 0$

→(x+a)(x+b)=0

3) Postulados derivados de la regla factor cero

   3.1) (ax+b).c=0 ↔ (ax+b)=0 V c=0

   3.2) (ax+b)/c=0 ↔ (ax+b)=0 c≠0

Ejemplo:

$9 - x^2 = 0$

(3-x)(3+x)=0

3-x=0 V 3+x=0

3=x V x=- 3

Solucion :{-3,3}

$2s^2 + 9s = -10$

$2s^2 + 9s + 10 = -10 + 10$

$2s^2 + 9s + 10 = 0$

$s = \dfrac{-9 \pm \sqrt{81-80}}{4}$

$s_1 = \dfrac{-9+1}{4} = \dfrac{-8}{4} = 2$

$s_2 = \dfrac{-9-1}{4} = \dfrac{-10}{4} = \dfrac{-5}{2}$

solucion:{2,$-\dfrac{5}{2}$}

   c) Polinomica de grado tres : $ax^3 + bx^2 + cx + d = 0$

Serie Jelu-Ruemar. Scarlet C. Rueda M.

Se resuelven por factorización:

1) Productos Notables

1.1) $x^3+3x^2b+3xb^2+b^3=0 \rightarrow$
(x+b)(x+b)(x+b)=0

1.2) $x^3-3x^2b+3xb^2-b^3=0$
$\rightarrow$(x-b)(x-b)(x-b)=0

2) Division sintetica o metodo de Ruffini

Por ejemplo:

$r^3-3r^2-4r+12=0 \rightarrow$
(r+3)(r-3)(r-2)=0 $\rightarrow$
r+3=0; r-3=0; r-2=0
$\rightarrow$ r=-3 ; r=3 ; r=2

Solucion {-3,3,-2}

Para factorizar se uso Ruffini..resuelvelo para verificacion y practica

d) Racional: $\dfrac{ax+b}{cx+d} = n$

En su resolucion suele utilisarce;

1) Postulados del algebra para colocarla lineal.
2) Propiedad distributiva
3) Dependiendo del grado factorizacion.

Ejemplo:

$\dfrac{s+1}{s-3}=8 \rightarrow$ s+1=8(s-3)
$\rightarrow$ s+1=8s-24
$\rightarrow$ 8s-s=24+1
$\rightarrow$ 7s=25 $\rightarrow$ s=$\dfrac{25}{7}$

Justifica cada afirmación.

e) Irracional; $\sqrt[n]{x}$=a

¿Como resolver?

1) Colocar el indice del radical como exponente en ambos lados de la igualdad.
2) Si es fraccion con radicales racionalizar es decir multiplicar y dividir por la conjugada.(esta fraccion representa a la unidad y por tanto no se altera,por ser uno el neutro de la multiplicacion)

Ejemplo:

$\sqrt{x+2}=5 \rightarrow$

$(\sqrt{x+2})^2 = 5^2 \rightarrow$

x+2=25→x=23

Justifique cada afirmacion.

f) Valor absoluto: $|ax+b|=n$

El argumento puede tener cualquier otro ente matematico

Definicion de valor absoluto

$|x|=\begin{cases} x \; si \; x > 0 \\ 0 \; si \; x = 0 \\ -x \; si \; x < 0 \end{cases}$

Propiedades del valor absoluto

1) $|x|=a \rightarrow |-x|=a$
2) $\left|\frac{x}{b}\right|=c \rightarrow \frac{|x|}{|b|}=c$; b≠0
2) $|x|=|a| \leftrightarrow$ x=a v x= -a
3) $|ax|=b \rightarrow |a|.|x|=b$
4) $|x|=0 \leftrightarrow$ x=0

Ejemplo:

$|2x - 15|=3$
Para x>0
2x-15=3→2x=18→x=9
Para x<0
-2x-15=3→-2x=18→x=-9
no es solucion
Para x=0
2x-15=0→-15=0 no es solucion

Por tanto la solucion es {9}...
    g) Logaritmica: $\log_b x = n$
    El argumento puede presentar otras formas

Definicion operacional de logaritmo ;$\log_b x$=a⟷b^a=x
Propiedades de los logaritmos
1) $\log(ax)$=b ⟷ $\log(a)$+$\log(x)$=b
2) $\log(x/a)$=b⟷ logx − loga=b a≠0
3) $\log(x^a)$=b⟷alogx=b
4) $\log\sqrt[n]{x}$=b⟷$\frac{1}{n}$logx=b

Por ejemplos:

1) $\log_2 t = 8$
→ $2^8 = t$ por def. de log
→ $t = 256$ por def. de pot.

2) $\log_{\frac{1}{2}} d = -1$
→ $\left(\frac{1}{2}\right)^{-1} = d$
Sol. $d = 2$

3) $\log_{\frac{3}{5}} x^2 = 0$
→ $\left(\frac{3}{5}\right)^0 = x^2$
→ $1 = x^2$ Solucion :

INECUACIONES

Descripción: Es toda desigualdad que presenta en alguno de sus miembros una incógnita o símbolo literal de valor desconocido y que al calcularlo se establece una desigualdad

En general presenta alguna de estas formas x+a>b; x+a<b donde se observan dos partes. Una delante del signo de la desigualdad (<, >) denominada primer miembro y la otra después de ese signo denominada segundo miembro

También pueden presentar la forma x+a $\leq$ b o x+a$\geq$b .

La diferencia entre estos dos casos y los dos anteriores es que en este se incluyen los valores obtenidos como parte de la solución de la inecuación en los anteriores estos son referenciales es decir la solución es a partir de los valores obtenidos, pero sin incluirlos.

Una inecuación tiene por solución subconjuntos de los números reales llamados intervalos; los cuales pueden ser: Abiertos, cerrados, semi abiertos, semi cerrados, abiertos al infinito, cerrados al infinito

Las inecuaciones presentan formas similares a las ecuaciones pues pueden presentar cualquiera ente matemático en alguno de sus miembros por tanto encontramos, entre otras, los siguientes tipos de inecuaciones 1) Según el grado es decir el mayor exponente que tenga el símbolo literal de valor desconocido o incógnita

Por ejemplo: 3x+6<8 es una inecuación de grado uno

$3x^2$+6x-8>0 es una inecuación de grado 2

x^3-$8x^2$+5x+12≤0 es una inecuación de grado 3

2) Según la incógnita:
2.1) Los 3 casos mencionados anteriormente según la incógnita son llamadas inecuaciones polinómicas de una variable. Las cuales presentan en general la forma:
ax+b<c ;ax+b>c
ax^2+bx+c<0 ; ax^2+bx+c>0
ax³ + bx²cx+d<0 ;
ax³ + bx²cx+d>0 (también puede ser con las desigualdades: ≤, ≥)

Y así hay otros casos tales como:
2.2) Inecuaciones racionales que presenta la forma
$\frac{a}{x+b}$<c ; $\frac{a}{x+b}$ > c ; $\frac{a}{x+b}$ ≤ c $\frac{a}{o\ x+b}$ ≥ c
donde la incógnita está en el denominador de la fracción.

2.3) Inecuaciones Irracionales que presentan la forma
$\sqrt[n]{x}$<a ; $\sqrt[n]{x}$ ≥ a ; $\sqrt[n]{x}$ > a $\sqrt[n]{x}$≤a donde la incógnita está en la cantidad subradical

2.4)Inecuaciones con valor absoluto es decir $|x|$<a ; $|x| > a$; $|x| \leq a$; $|x|$ ≥a

Serie Jelu-Ruemar. Scarlet C. Rueda M.

2.5) Inecuaciones exponenciales; son aquellas donde la incógnita está en el exponente de una potencia así: $a^x > b$; $a^x \geq b$; $a^x < b$; $a^x \leq b$

2.6) Inecuaciones Logarítmicas, como su nombre lo indican son logaritmos, pero en su argumento presentan una incógnita. Por lo que su forma es $\log x > a$; $\log x < a$; $\log x \geq a$; $\log x \leq a$

2.7) Inecuaciones trigonométricas
En este caso la incógnita está en el argumento de la función trigonométrica; que puede ser
Senx<a; cosy>a; tgz≤a o cualquiera de las inversas sec ,csc o ctg.

Nota: Tanto los argumentos, (del valor absoluto, el logaritmo, el seno, el coseno, la tangente, la cotangente, la secante, la cosecante) como las cantidades subradicales, los exponentes y todas las partes donde se encuentre la incógnita puede presentar varias formas esto es polinómica (de grado uno, dos o tres), Fracción, raíz, potencia, producto, entre otras

En cualquiera de los casos o tipos de inecuaciones que se nos presente el objetivo sería obtener el subconjunto de R o intervalo de valores de la incógnita para ello una vez identificada el tipo de inecuación lo siguiente es seleccionar el método para resolverla y esto por supuesto varía. Para la resolución lo básico es el uso de los postulados fundamentales del algebra que nos ayudaran a despejar la incógnita, luego está la factorización, la racionalización, la ecuación de segundo grado; las leyes de la potenciación y de la radicación, los postulados derivados de la regla factor cero, las propiedades de los logaritmos y los exponenciales, las identidades fundamentales, entre otras , que se aplican según se muestra en los ejemplos que se dan en la tabla donde podrás observar que los ejemplos constan de los mismos símbolos que los de las ecuaciones, pues la idea es comparar, para diferenciar, ecuaciones de inecuaciones. Para diferenciar los tipos de desigualdades deberás realizar los otros 3 casos con los mismos símbolos de los ejemplos ofrecidos.

RESOLUCION DE INECUACIONES

a) Polinómica de grado uno:

a.1) axb>c

a.2) axb<c

a.3) axb≤c

a.4) axb≥c

Para resolverlas se utilizan los postulados fundamentales del algebra. En general indican que si adicionamos ,sustraemos ,multiplicamos o dividimos ambos lados de una inecuacion por un mismo simbolo positivo la desigualdad que ella genera no se altera;estos es:

ax+b>c→ax+b+d>c+d

ax+b<c→ax+b+d<c+d

ax+b<c→ax+b-d<c-d ; ax+b>c→ax+b-d>c-d

ax+b<c→d(ax+b)<d.c ; ax+b>c→d(ax+b)>d.

ax+b>c→(ax+b)/d>c/d   ;   d≠0   ;

ax+b<c→(ax+b)/d>c/d ;

Pero si el simbolo es negativo cambia el sentido de la desigualdad (escribelas)

Ejemplo

3x+5>8
3x+5-8>8-8
3x-3>0
3x-3+3>0+3
3x-0>3
3x>3
3x/3 >3/3
x>1
Solucion:x∈(1,∞)

b) Polinomica de grado dos
b.1) ax^2+bx+c>0
b.2) ax^2+bx+c<0
b.3) ax^2+bx+c≥0
b.4) ax^2+bx+c≤0

En la resolucion de estas inecuaciones se puede usar:

1) Formula cuadratica: $x = \dfrac{-b \pm \sqrt{b^2-4ac}}{2a}$
2) Factorizacion:
2.1) $x^2 \pm 2xb + b^2$>0→(x±b)(x±b)>0;
2.2) $x^2 - b^2$>0→(x+b)(x-b)>0
2.3) $x^2 \pm 2xb + b^2$<0→(x±b)(x±b)<0;
2.4) $x^2 - b^2$<0→(x+b)(x-b)<0
2.5) $x^2 + (a+b)x + ab$>0→(x+a)(x+b)>0
2.6) $x^2 + (a+b)x + ab$<0→(x+a)(x+b)<0

3) Postulados derivados de la regla factor cero

3.1) $(ax+b) \cdot c > 0 \leftrightarrow (ax+b) > 0 \land c > 0$
    v $(ax+b) < 0 \land c < 0$

3.2) $(ax+b) \cdot c < 0 \leftrightarrow (ax+b) > 0 \land c < 0$
    v $(ax+b) < 0 \land c > 0$

3.3) $(ax+b)/c > 0 \leftrightarrow (ax+b) > 0 \land c > 0$; $c \neq 0$

   v $(ax+b) < 0 \land c < 0$; $c \neq 0$

Ejemplo:
$9 - x^2 < 0$
$(3-x)(3+x) < 0$
$3-x < 0 \land 3+x > 0$
$x > 3 \land x > -3$
$s_1 = x \in (3, \infty)$ v
$3-x > 0 \land 3+x < 0$
$x < 3 \land x < -3$
$s_2 = x \in (-\infty, -3)$

Solucion:
$x \in (-\infty, -3) \cup (3, \infty)$

Otra forma de expresar la solucion es
Sol. $x \in \mathbb{R} - (-3, 3)$

c) Polinómica de grado tres:
c.1) $ax^3 + bx^2 + cx + d \leq 0$
c.2) $ax^3 + bx^2 + cx + d \geq 0$
c.3) $ax^3 + bx^2 + cx + d < 0$
c.4) $ax^3 + bx^2 + cx + d > 0$

En su solucion se utiliza:

1) Productos notables

$x^3+3x^2b+3xb^2+b^3 \geq 0 \rightarrow$ (x+b)(x+b)(x+b)≥0

$x^3+3x^2b+3xb^2+b^3 > 0 \rightarrow$ (x+b)(x+b)(x+b)>0

$x^3-3x^2b+3xb^2-b^3 \leq 0 \rightarrow$ (x-b)(x-b)(x-b)≤0

$x^3-3x^2b+3xb^2-b^3 > 0 \rightarrow$ (x-b)(x-b)(x-b)>0

2) Metodo de Ruffini o division sintetica.

3) Evaluacion por intervalos en la recta real.

Completa los postulados para las desigualdades que faltan en cada caso

Ejemplo:

$r^3 - 3r^2 4r + 12 \leq 0$

→(r+3)(r-3)(r-2)≤0

→r+3=0→r=-3

r-3=0→ r=3

r-2=0→r=2

```
-   -3  +  2  -  3  +
←─────────────────────→
```

Sol: x∈[2,3]∪(-∞,-3]

d) Racional

d.1) $\dfrac{ax+b}{cx+d} > n$

d.2) $\dfrac{ax+b}{cx+d} > n$

d.3) $\dfrac{ax+b}{cx+d} \leq n$

d.4) $\dfrac{ax+b}{cx+d} \geq n$

Se resuelven usando:
1) Postulados del algebra para colocarla lineal.
2) Propiedad distributiva
3) Dependiendo del grado factorizacion

Ejemplo:

$\frac{s+1}{s-3} > 8 \rightarrow s+1 > 8(s-3)$

→s+1>8s-24

→8s-s>24+1

→7s>25→$s > \frac{25}{7}$

Justifica cada afirmacion

Sol:x∈$(\frac{25}{7}, \infty)$

e) Irracional
e.1) $\sqrt{x} \leq n$
e.2) $\sqrt{x} \geq n$
e.3) $\sqrt{x} > n$
e.4) $\sqrt{x} < n$

Se resuelven de la siguiente manera:
1) Colocar el indice del radical como exponente en ambos lados de la igualdad.
2) Si es fraccion con radicales racionalizar

Ejemplo:

$\sqrt{x+2} \geq 5 \rightarrow (\sqrt{x+2})^2 \geq 5^2 \rightarrow x+2 \geq 25 \rightarrow x \geq 23$

Justifica cada afirmacion

Sol:x∈[23,∞)

f) Valor absoluto

$f.1)\ |ax+b| < n$

$f.2)\ |ax+b| > n$

$f.3)\ |ax+b| \geq n$

$f.4)\ |ax+b| \leq n$

Este argumento puede presentar cualquier otra forma

Propiedades del valor absoluto

1) $|ax+b| \leq c \leftrightarrow -c \leq ax+b \leq c$

2) $|ax+b| \geq c \leftrightarrow ax+b \leq -c \ \lor \ ax+b \geq c$

3) $|ax+b| \leq c \rightarrow (ax+b)^2 \leq c$;

4) $\left|\frac{ax+b}{cx+d}\right| \geq c \rightarrow \frac{|ax+b|}{|cx+d|} \geq c$; $|x| \geq b \rightarrow |-x| \geq b$

5) $|ax+b| \geq 0$; siempre es positivo

$.|ax| \leq b \rightarrow |a|.|x| \leq b$

Ejemplo:

$|2x - 15| \leq 3$

-3≤2x-15≤3→

-3+15≤2x-15+15≤3+15

→12≤2x≤18

→6≤x≤9

Sol:x∈[6,9]

g) Logaritmica:

$g.1)\ \log_b x \leq n$

$g.2)\ \log_b x > n$

$g.3)\ \log_b x \geq n$

$g.4)\ \log_b x < n$

Para resolverlas se utiliza, según el caso:

1) Definicion de logaritmo

$\log_b x = a \leftrightarrow b^a = x$

2) Propiedades de los logaritmo

2.1) $\log(ax) = <) + \log(x) < b$

2.2) $\log(x/a) > b \leftrightarrow \log x - \log a > b \quad a \neq 0$

2.3) $\log(x^a) \leq b \leftrightarrow a \log x \leq b$

2.4) $\log \sqrt[n]{x} \geq b \leftrightarrow \frac{1}{n} \log x \geq b$

Por ejemplo:

$\log_2 t > 8 \to$

$2^8 > t$ por def. de log

$\to t > 256$ por def. de pot.

Sol: $x \in (256, \infty)$

SISTEMA DE ECUACIONES LINEALES.

Uno de los problemas prácticos que con más frecuencia aparece en casi todos los campos de estudios, tales como: la matemática, la física, la biología, la química, la economía, todas las ramas de la ingeniera, investigación operativa, las ciencias sociales, etc. ; es resolver un sistema de ecuaciones lineales que es un conjunto finito de ecuaciones lineales ; las cuales tienen diversas aplicaciones entre las que podemos mencionar : el balanceo de ecuaciones químicas, resolución de problemas referentes a redes eléctricas y el análisis de problemas de insumo/producción en economía. Dadas sus múltiples aplicaciones, su solución es el punto principal a tratar.

La ecuación: $y = a_1 x_1 + a_2 x_2 + a_3 x_3 + \cdots + a_n x_n$ (1) la cual expresa a y en términos de variables $x_1, x_2, x_3, \cdots x x_n$ y las constantes $a_1, a_2, a_3, \cdots, a_n$ (llamadas coeficientes) ;se denomina ecuación lineal . En la mayoría de las aplicaciones se da y ,siendo el objetivo encontrar números $x_1, x_2, x_3, \cdots, x_n$ que satisfagan (1).

Una solución de una ecuación lineal (1) es una colección ordenada de n números $s_1, s_2, s_3, \cdots, s_n$ tales que, satisfacen (1) cuando $x_1 = s_1, x_2 = s_2, x_3 = s_3, \cdots, x_n = s_n$ se sustituyen en (1). Así: $x_1 = 2, x_2 = 3, x_3 = -4$ es una solución de la ecuación lineal: $6x_1 - 3x_2 + 4x_3 = -13$. Porque: 6(2)-3(3) + 4(4) = -13

Nota: No todas las variables de una ecuación lineal son de primer grado (Mayor exponente 1) .Por ejemplo: La ecuación $3x^2 + y = 5$ no es una ecuación lineal en las variables x y y, ya que uno de los términos, $3x^2$, es de grado 2.

En general, un sistema de m ecuaciones lineales con n incógnitas o un sistema lineal, es un conjunto de m ecuaciones lineales, cada una con n incógnitas.

Un sistema lineal presenta la forma:

$$\begin{cases} a_{1,1}x_1 + a_{1,2}x_2 + \cdots + a_{1,n}x_n = b_1 \\ a_{2,1}x_1 + a_{2,2}x_2 + \cdots + a_{2,n}x_n = b_2 \\ \vdots \quad + \quad \vdots \quad + \vdots + \quad \vdots \quad = \vdots \\ a_{m,1}x_1 + a_{m,2}x_2 + \cdots + a_{m,n}x_n = b_m \end{cases} \quad (2)$$

Donde:

$x_1, x_2, x_3, \cdots, x_n$ son las incógnitas

$a_1, a_2, a_3, \cdots, a_n$ son los coeficientes

$b_1, b_2, b_3, \cdots, b_n$ son los términos constantes, los cuales son números reales (al igual que los coeficientes).

Así: $\begin{cases} x_1 - 3x_2 = -3 \\ 2x_1 + 6x_2 = 8 \end{cases}$

Es un sistema de ecuaciones lineales de:

2 ecuaciones ; $\begin{matrix} 1) x_1 - 3x_2 = -3 \\ 2) 2x_1 + 6x_2 = 8 \end{matrix}$

2 incógnitas x_1, x_2 y de coeficientes 1, 3, 2, 6

Se dice que una sucesión finita de números reales es una solución de un sistema de ecuaciones lineales si es solución de cada ecuación del sistema. Por ejemplo, la sucesión $x_1 = 1, x_2 = 2, x_3 = 3$ es es una

Solución del sistema: $\begin{cases} 3x_1 + 2x_2 + x_3 = 10 \\ 5x_1 - 3x_2 + 2x_3 = 5 \end{cases}$

ya que satisface ambas ecuaciones esto es:

$3(1) + 2(2) + 3 = 10$

5(1) - 3(2) + 2(3) = 5

Por otra parte, la sucesión $x_1 = 1$, $x_2 = 0, x_3 = 0$; satisface solamente la 2da ecuación y por lo tanto no es solución del sistema.

Es importante recordar que un sistema puede tener o no solución, en virtud de lo cual se denominará: Compatible o Consistente si posee solución, Incompatible o inconsistente si no posee solución.

Así: El sistema lineal. $\begin{cases} x + y + z = 24 \\ 4x + 6y + 10z = 148 \\ \frac{1}{2}x + \frac{1}{4}y + \frac{1}{3}z = 9 \end{cases}$

tiene por solución x = 10, y= 8, z= 6.
por tanto, es consistente o compatible.

El sistema lineal
$\begin{cases} x_1 - 3x_2 = -7 \\ 2x_1 - 6x_2 = 7 \end{cases}$
No tiene solución por tanto es incompatible o inconsistente.

Notas:

1) Aquellos sistemas que tengan la misma solución se llaman Equivalentes.

2) Si en un sistema de ecuaciones lineales $b_1 = b_2 = \cdots = b_n = 0$ entonces, denomina Homogéneo.

3) Una solución $x_1 = x_2 = \cdots = x_n = 0$ Se denomina Solución Trivial del sistema Homogéneo.

4) Una solución de un sistema homogéneo en la cual no todos los x_i son iguales a cero se denomina Solución no trivial.

¿COMO OBTENER LA SOLUCION DE UN SISTEMA DE ECUACIONES LINEALES?

a) SI LOS SISTEMAS TIENEN DOS ECUACIONES, DOS INCÓGNITAS:

El sistema $\begin{cases} x_1 - 3x_2 = -3 \\ 2x_1 + 6x_2 = 8 \end{cases}$

Es un sistema de ecuaciones lineales de:

dos ecuaciones: 1) $x_1 - 3x_2 = -3$
2) $2x_1 + 6x_2 = 8$

dos incógnitas x_1, x_2

de coeficientes: 1,-3,2,6.

Para obtener su solución, se dispone de los siguientes métodos:

1) SUSTITUCION:

Consiste en obtener una ecuación de una sola incógnita. Realizando el despeje de una variable en una de las ecuaciones y sustituir la expresión obtenida en la otra ecuación.

Algoritmo de aplicación:

1) Se despeja una variable de una de las ecuaciones

2) Se sustituye la expresión obtenida, en la otra ecuación, obteniéndose una ecuación de una sola variable

3) Se resuelve la ecuación, para obtener el valor de la incógnita.

4) El valor obtenido en 3, se sustituye en una ecuación inicial.

5) Se indica la solución del sistema; que estará conformada por los dos valores obtenidos.

Ejemplo:

El siguiente sistema de ecuaciones lineales será resuelto por los tres métodos que se mencionaran, con la finalidad de compararlos.

$$\begin{cases} 9x + 11y = -14 \\ 6x - 5y = -34 \end{cases}$$

1) Despejar a x en la primera ecuación.

9x+11y=-14 → 9x=-11y-14 → x=$\frac{-11y-14}{9}$

2) Sustituir el valor de x obtenido en la segunda ecuación

6x-5y=-34 ∧ x=$\frac{-11y-14}{9}$ → 6$\left(\frac{-11y-14}{9}\right)$-5y=-34 → $\frac{-66y-84}{9}$-5y=-34 →

$\frac{-66y-84-45y}{9}$=-34 → −66y−45y=−306+84 →

$-111y = -222 \rightarrow y = \frac{222}{111} = 2$

3) Sustituyendo el valor de y en ecuación expresión despejada para x.

x=$\frac{-11y-14}{9}$ ∧ y=-2 → x=$\frac{-11(2)-14}{9}$ → x = $\frac{-22-14}{9}$ → x = $\frac{-36}{9}$ → x=-4

4) La solución del sistema es: x=-4; y=2

2) IGUALACION:

Consiste en obtener una ecuación con una sola incógnita. Realizando el despeje de una misma variable en ambas ecuaciones e igualando las expresiones obtenidas.

Algoritmo de aplicación:

1) Se despeja una variable de una de las ecuaciones

2) Se sustituye la expresión obtenida, en la otra ecuación, obteniéndose una ecuación de una sola variable

3) Se resuelve la ecuación, para obtener el valor de la incógnita.

4) El valor obtenido en 3, se sustituye en una ecuación inicial y se resuelve.

5) Se indica la solución del sistema; que estará conformada por los dos valores obtenidos.

Ejemplo:

$$\begin{cases} 9x + 11y = -14 \\ 6x - 5y = -34 \end{cases}$$

1) Despeje de x en las dos ecuaciones.

9x+11y=-14 → $x=\frac{-11y-14}{9}$

6x-5y=-34 → $x=\frac{5y-34}{6}$

2) Igualando las dos expresiones de x obtenidas y resolviendo para y

$\frac{-11y-14}{9} = \frac{5y-34}{6}$ →6(-11y-14)=9(5y-34)→-66y-84=45y-306→-66y-45y=-306+84→ -111y=-222→ $y = 2$

3) Sustituyendo el valor de y obtenido en cualquiera de las expresiones despejadas de x

x=$\frac{5y-34}{6}$ →x=$\frac{5(2)-34}{6}$ →x=-4

4) La solución del sistema de ecuaciones dado es:

x=-4; y=2

3) REDUCCION O SIMPLIFICACION.
Consiste en obtener una ecuación con una sola incógnita. Realizando operaciones entre las dos ecuaciones
Algoritmo de aplicación:
1) Se igualan los coeficientes de alguna de las variables, calculando el m.c.m entre los coeficientes de la variable seleccionada
2) Se divide el m.c.m entre cada coeficiente y este resultado multiplicará a cada ecuación respectivamente, lo que genera un sistema equivalente que tendrá las ecuaciones con coeficientes de alguna de las variables iguales u opuestos.

3) Si los coeficientes son opuestos se procede a adicionar las dos ecuaciones. Si son iguales se multiplica una de las ecuaciones por menos uno (-1) y luego se obtiene la ecuación suma. Obteniéndose una ecuación con una incógnita

4) Se despeja la incógnita de la ecuación obtenida en el paso 3. Lo que permite obtener el valor de una de las incógnitas

5) El valor obtenido se sustituye en una de las ecuaciones iniciales y se resuelve para obtener el valor de la otra variable.

6) Se indica la solución, es decir los valores obtenidos de cada variable o incógnita.

Ejemplo:
$$\begin{cases} 9x + 11y = -14 \\ 6x - 5y = -34 \end{cases}$$

1) Seleccionando la variable a eliminar: se observa que los coeficientes de y son primos por tanto es más rápido obtener su m.c.m

m.c.m entre 11 y 5 seria 11x5=55

2) Obteniendo el sistema equivalente; dividiendo los coeficientes de la variable a eliminar, por el m.c.m y con este valor resultante multiplicando ambos miembros de la ecuación respectiva
$$\begin{cases} 45x + 55y = -70 \\ 66x - 55y = -374 \end{cases}$$

3) Adicionando las dos ecuaciones del sistema equivalente se obtiene:
111x=-444→ $x = -4$

4) Sustituyendo el valor obtenido de x en la 2da ecuación
6x-5y=-34 ∧ x=-4→ 6(-4)-5y=-34→-24-5y=-34→ $-5y = -34 + 24$ →-5y=-10→y=2

5) La solución del sistema es: x=-4; y=2

Nótese que en los tres métodos se obtiene una ecuación con una sola incógnita, esto debido a que a partir de esa ecuación se obtiene el valor de una de las variables o incógnitas; el cual será sustituido en una de las ecuaciones dadas en el sistema para obtener el valor de la otra.

b) SI LOS SISTEMAS TIENEN 3 O MÁS ECUACIONES LINEALES: El método básico para obtener la solución de un sistema de ecuaciones lineales (resolver el sistema) es reemplazar el sistema dado por uno nuevo, que tenga el mismo conjunto solución (equivalente) pero que sea más fácil de resolver.

Un método para obtener este nuevo sistema es el método de eliminación, cuyo algoritmo consta de una serie de pasos aplicando tres tipos de operaciones fundamentales a fin de obtener sistemas equivalentes sistemáticamente a medida que se eliminan incógnitas, dichas operaciones son:

1) Multiplicar una de las ecuaciones por una constante diferente de cero (lo que da origen a una ecuación múltiplo de).
2) Intercambiar dos ecuaciones.
3) Sumar una ecuación múltiplo a otra del sistema.

A continuación, se resuelve un sistema de ecuaciones lineales realizando las operaciones sobre las propias ecuaciones del sistema.

Primer paso

Intercambio de las ecuaciones (si es necesario), de tal manera que la primera incógnita , tenga un coeficiente no nulo en la primera ecuación, esto es, tal que $a_{1,1} \neq 0$

Segundo paso

Para cada i > 1, aplicamos la operación
$$E_i \to -a_{i,1} + a_{1,1}E_i$$
Es decir, reemplazamos la i - ésima ecuación lineal E, por la ecuación que se obtiene multiplicando la primera ecuación E por $-a_{i,1}$ y luego sumando. Así obtenemos el siguiente Sistema que es equivalente a (2) esto es, tiene el mismo conjunto solución de (2).

$$\begin{cases} a_{1,1}x_1 + a_{1,2}x_2 + \cdots + a_{1,n}x_n = b_1 \\ a_{2j,1}x_1 + a_{2j,2}x_2 + \cdots + a_{2j,n}x_n = b_{j2} \\ \vdots + \vdots + \vdots + \vdots = \vdots \\ a_{m,1}x_1 + a_{m,2}x_2 + \cdots + a_{m,n}x_n = b_m \end{cases}$$

donde $a_{1,1} \neq 0$.

El proceso que elimina una incógnita, en las ecuaciones siguientes, se conoce como el Método de Eliminación de Gauss o Eliminación Gaussiana.

Notas:

1) Si se encuentra en el sistema una ecuación de la forma: $0x_1 + 0x_2 + 0x_3 + \cdots + 0x_n = b$; $b \neq 0$, entonces el sistema es inconsistente o incompatible es decir, no tiene solución

2) Si se encuentra una ecuación de la forma $0x_1 + 0x_2 + 0x_3 + \cdots + 0x_n = 0$ entonces, la ecuación puede suprimirse sin que afecte la solución del sistema.

3) Si en un sistema de ecuaciones lineales el número de ecuaciones (n) es igual al número de incógnitas (r) entonces el sistema tiene solución única (consistente - determinado).

4) Si el número de ecuaciones es menor al número de incógnitas (n < r) entonces el sistema tiene varias soluciones (consistente indeterminado) y por tanto se puede obtener la solución general (próximo ejemplo) y también una solución particular asignando valores a los r-n variables libres (los x_i que no aparecen al principio de alguna ecuación i $\neq j_2 \ldots j_n$)

Ejemplos:

1) Dado: $\begin{cases} 2x + y - 2z + 3w = 1 \\ 3x + 2y - z + 2w = 4 \\ 3x + 3y + 3z - 3w = -5 \end{cases}$

Resolver:

Solución
$$\begin{cases} 2x + y - 2z + 3w &= 1 \\ y - 4z - 5w &= 5 \\ 3y + 12z - 15w &= -7 \end{cases} \xrightarrow{\substack{3E_1 + 2E \\ 3E_1 + 2E_3}}$$

$$\begin{cases} 2x + y - 2z + 3w &= 1 \\ y - 4z - 5w &= 4 \\ 0w &= -5 \end{cases} \xrightarrow{3E_2 + E_3}$$

La ecuación 0= -8 esto es 0x+ 0y+ 0z = - 8 muestra que el sistema original es inconsciente y por tanto no tiene solución.

1) Dado $\begin{cases} x + 2y - 3z &= 4 \\ x + 3y + z &= 11 \\ 2x + 5y - 4z &= 13 \\ 2x + 6y + 2z &= 22 \end{cases}$

Resolverlo

Solución:

$$\begin{cases} x + 2y - 3z &= 4 \\ y + 4z &= 7 \quad \longrightarrow E_1 + E_2 \\ y + 2z &= 5 \quad \longrightarrow 2E_1 + E_3 \\ 2y + 8z &= 14 \quad \longrightarrow 2E_1 + E_4 \end{cases}$$

El sistema es consistente, y puesto que hay menos incógnitas que ecuaciones en la forma escalonada, el sistema tiene un número infinito de soluciones. En efecto hay 2 variables libres y ∧ w. Por otra parte,

Serie Jelu-Ruemar. Scarlet C. Rueda M.

se puede obtener una solución particular del sistema dando a y ∧ a w cualquier valor.

Así:

Si w = 1 y y= -2, sustituyendo y= - 2 en la primera ecuación se obtiene z = 3.

Haciendo w= l, z = 3, y= -2 y sustituyendo en la 1ra ecuación, se obtiene x = 9, y= -2, z = 3 ∧ w = 1.

En otras palabras, la solución particular es la 4-upla:

(9, -2, 3, 1). Siendo: x= 4 -2y +w ∧ z= 1 +2w ;la solución general del sistema es la 4-upla (4-2y+w,y,1+2y,w)

Aplicación:

Una cafetería estudiantil tiene 24 mesas; x mesas con 4 asientos cada una, y mesas con 6 asientos cada una y z mesas con 10 asientos cada una.

La capacidad total de asientos de la cafetería es de 148. Con motivo de una reunión estudiantil especial, se emplearán la mitad de las x mesas, un cuarto de las y mesas y una tercera parte de las z mesas, para un total de 9 mesas. Determinar x, y, z.

Solución: Las condiciones del problema dan lugar al siguiente sistema de ecuaciones lineales;

$$\begin{cases} x + y + z = 24 \\ 4x + 6y + 10z = 148 \\ \frac{1}{2}x + \frac{1}{4}y + \frac{1}{3}z = 9 \end{cases}$$

El cual al resolverlo por eliminación Gaussiana se obtiene:

$$\begin{cases} x + y + z = 24 \\ 2x + 3y + 5z = 74 \\ 6x + 3y + 4z = 108 \end{cases} \begin{array}{l} \longrightarrow \frac{1}{2}E \\ \longrightarrow 12E_3 \end{array}$$

$$\begin{cases} x + y + z = 24 \\ y + 3z = 26 \\ 6x + 3y + 4z = 108 \end{cases} \rightarrow -2E_1 + E_2$$

$$\begin{cases} x + y + z = 24 \\ y + 3z = 26 \\ -3y - 2z = -36 \end{cases} \longrightarrow 6E_1 + E_3$$

$$\begin{cases} x + y + z = 24 \\ y + 3z = 26 \\ 7z = 42 \end{cases} \longrightarrow 3E_2 + E_3$$

Por tanto z=6 (despejando en E_3)

x=10 y y=8 (por sustitución de retroceso).

OTRO METODO DE RESOLUCION DE SISTEMAS DE ECUACIONES.

Existe una modificación del Método Gaussiano llamado "Método de Eliminación de Gauss-Jordan", que elimina la necesidad de Sustitución de retroceso, en lugar de lo cual se aumenta el número de reducciones de Ecuaciones (renglones).

Para resolver un Sistema de ecuaciones lineales por el Método de Gauss-Jordan, que es una herramienta teórica útil, se requiere de los conceptos de: Matriz, Matriz Escalonada, Matriz Ampliada; además de las operaciones ya conocidas en el Método Gaussiano, aplicadas a los renglones de la Matriz Aumentada. En virtud de lo antes expuesto, antes de describir el Método de eliminación de Gauss-Jordan, recordemos los conceptos necesarios.

MATRIZ: Es un Arreglo Ordenado de elementos dispuestos en filas y columnas. Así:

$$\begin{pmatrix} m_{1,1} & \cdots & m_{1,j} \\ \vdots & \ddots & \vdots \\ m_{i,1} & \cdots & m_{i,j} \end{pmatrix}$$

tal que cada $m_{i,j}$ es un real donde ; i indica el número de la fila y J el número de la columna donde está ubicado el elemento.

Se puede utilizar paréntesis ( ), corchetes [ ] o doble barra ‖ ‖ para agrupar los elementos y en forma abreviada se simboliza por M= $(m_{i,j})$.

MATRIZ ESCALONADA.

Es un Arreglo Ordenado de elementos que presentan la forma:

$$\begin{pmatrix} m_{1,1} & m_{1,2} & \cdots & m_{1,j} \\ 0 & m_{2,2} & \cdots & m_{2,j} \\ \vdots & \vdots & \ddots & \vdots \\ 0 & 0 & \cdots & m_{i,j} \end{pmatrix}$$

La matriz escalonada por filas reducidas que tiene la forma:

$$\begin{pmatrix} m_{1,1} & 0 & \cdots & 0 \\ 0 & m_{2,2} & \cdots & 0 \\ \vdots & \vdots & \ddots & \vdots \\ 0 & 0 & \cdots & m_{i,j} \end{pmatrix}$$

donde los únicos elementos distintos de cero son los de la diagonal principal.

MATRIZ AUMENTADA.

Es un Arreglo Ordenado de elementos cuyas que representa un sistema de ecuaciones lineales; tal que sus componentes son los coeficientes de las incógnitas del sistema y se amplía con los términos independientes.

Se denota por (C: D).

Simbólicamente: Dado el sistema de ecuaciones lineales:
$$\begin{cases} c_{1,1} & \cdots & c_{1,n} = d_1 \\ \vdots & \ddots & \vdots = \vdots \\ c_{m,1} & \cdots & c_{m,n} = d_m \end{cases}$$

Donde $C = \begin{bmatrix} c_{1,1} & \cdots & c_{1,n} \\ \vdots & \ddots & \vdots \\ c_{m,1} & \cdots & c_{m,n} \end{bmatrix}$ es su matriz de coeficientes

Y $D = \begin{bmatrix} d_1 \\ \vdots \\ d_m \end{bmatrix}$ es su matriz de constantes o términos independientes.

Entonces $(C:D) = \begin{bmatrix} c_{1,1} & \cdots & c_{1,n} & d_1 \\ \vdots & \ddots & \vdots & \vdots \\ c_{m,1} & \cdots & c_{m,n} & d_m \end{bmatrix}$. Es su matriz ampliada. (La línea puede ser omitida y se deja un espacio).

NOTAS:
1) El Método mediante el cual se obtiene la forma escalonada por filas se denomina Método de eliminación Gaussiana.
2) El Método mediante el cual [C: D] es transformada a la forma escalonada por filas reducidas, se denomina Método de Resolución de Gauss-Jordan.
3) Ambos métodos se usan a menudo y son ampliamente utilizados en computadoras.

METODO DE ELIMINACION DE GAUSS-JORDAN.
Este consta de los siguientes pasos
1) Representar el Sistema por una Matriz Ampliada.
2) Obtener la Matriz Escalonada por filas reducidas, aplicando las operaciones correspondientes.
3) Identificar los valores de las variables correspondientes.

A continuación, se resolverá un sistema de ecuaciones lineales utilizando el Método de resolución de Gauss-Jordan.

Dado el sistema:
$$\begin{cases} x - 2z - 4w + 2v = -2 \\ y + 3z + 5w - 2v = 7 \\ 4y + 13z + 22w - 9v = 31 \end{cases}$$

Solución

1) Se obtiene la Matriz Aumentada Asociada al sistema dado

$$(C:D) = \begin{bmatrix} 1 & 0 & -2 & -4 & 2 & -2 \\ 0 & 1 & 3 & 5 & -2 & 7 \\ 0 & 4 & 13 & 22 & 9 & 31 \end{bmatrix}$$

2) Se transforma la matriz [C: D] a la forma escalonada reducida por filas, así:

$$\begin{bmatrix} 1 & 0 & -2 & -4 & 2 & -2 \\ 0 & 1 & 3 & 5 & -2 & 7 \\ 0 & 0 & 1 & 2 & -1 & 3 \end{bmatrix} \xrightarrow{-4R_2 + R_3}$$

$$\begin{bmatrix} 1 & 0 & 0 & 0 & 0 & 4 \\ 0 & 1 & 3 & 5 & -2 & 7 \\ 0 & 0 & 1 & 2 & -1 & 3 \end{bmatrix} \xrightarrow{2R_3 + R_1}$$

$$\begin{bmatrix} 1 & 0 & 0 & 0 & 0 & 4 \\ 0 & 1 & 0 & -1 & 1 & -2 \\ 0 & 0 & 1 & 2 & -1 & 3 \end{bmatrix} \xrightarrow{-3R_3 + R_2}$$

El sistema de ecuaciones lineales asociado es:
$$\begin{cases} x & = 4 \\ y - w + v & = -2 \\ z + 2w - v & = 3 \end{cases}$$

de donde:

x=4;

y=-2+w-v

z=3-2w+v

w=2+y+v

v=-3+z+2w es la solución general del sistema

Como una solución particular se tiene:

x= 4; y= -1; z=0; w=2; v=1, la cual se obtiene al asignar los valores 2 y 1 a w y a v respectivamente, (w=2; v=1) y sustituir en la solución general obtenida.

SISTEMAS DE INECUACIONES

Descripción:

Es un conjunto de dos o más inecuaciones con una o más incógnitas.

Presenta la forma:

$$\begin{cases} a_{1,1}x_1 + a_{1,2}x_2 & \leq b_1 \\ \vdots \quad\quad \vdots & \leq \vdots \\ a_{m,1}x_1 + a_{m,2} & \leq b_m \end{cases}$$

Donde : x_1, x_2 son las incógnitas

$a_{1,1}, \ldots, a_{m,2}$ son los coeficientes

$b_1, b_2, b_3, \ldots, b_m$ Son los terminos constantes,

Los cuales son números reales al igual que los

coeficientes y el signo puede ser cualquiera de la relación de desigualdad.

SOLUCION DE UN SISTEMA DE INECUACIONES.

Se dice que un subconjunto del conjunto de los números reales es una solución de un sistema de inecuaciones si es solución de cada inecuación del sistema.

Por ejemplo: x∈ (1,4) es solución del sistema de Inecuaciones:

$$\begin{cases} 8x & < & 32 \\ 4x - 4 & > & 0 \\ 4x + 8(1-x) & < & 16 + 4x \end{cases}$$

Ya que satisface todas las inecuaciones, es decir:
$$\begin{cases} 8.2 = 16 & < & 32 \\ 4.2 - 4 = 4 & > & 0 \\ 4.2 + 8(1-2) = 14 & < & 16 + 4.2 = 24 \end{cases}$$

Por otra parte los subconjuntos:

$(-\infty,4)$;$(-1,\infty)$ y $(1,\infty)$ satisfacen solo una inecuación, cada uno. por tanto, no son solución del sistema.

Compruébalo resolviendo el sistema, para algún valor de cada intervalo, que no pertenezca al intervalo intersección.

CASOS O TIPOS DE SISTEMAS DE INECUACIONES

a) Según la solución:

a.1) Compatibles son los sistemas que tienen solución; también son llamados consistentes.

a.2) Incompatibles son los sistemas que no tienen solución; también son llamados inconsistentes.

Si la intersección de las soluciones parciales es un conjunto vacío, entonces el sistema no tiene solución, es incompatible.

Si la region es vacía, el sistema es incompatible

Ejemplos:

a) $\begin{cases} x - 3 > 1 \\ 3x - 4 \leq -1 \\ 2x - 7 > -3 \end{cases}$

Este sistema de inecuaciones lineales es incompatible ya que.

Despejando a x en cada inecuación, con el uso de los postulados fundamentales; se obtienen una solución parcial de cada inecuación

$S_1 = (4, \infty); \ S_2 = (-\infty, 1]; \ S_3 = (2, \infty)$

la intersección de las soluciones parciales, es:

$(4, \infty) \cap (-\infty, 1] \cap (2, \infty) = \emptyset$

Por tanto, el sistema es incompatible.

b) El sistema

$$\begin{cases} 8x & < & 32 \\ 4x - 4 & > & 0 \\ 4x + 8(1-x) & < & 16 + 4x \end{cases}$$

Tiene por solución:

$(-\infty, 4) \cap (-1, \infty) \cap (1, \infty) = (1,4)$ por tanto, es compatible

Compruébalo resolviendo el sistema y verifica los resultados sustituyendo un valor seleccionado del intervalo, en las inecuaciones

  b) Según nº de inecuaciones e incógnitas
  b.1) Dos o más inecuaciones con una incógnita. Las inecuaciones que forman este sistema, generalmente son de igual grado (grado uno o grado dos); aunque también pueden ser de ambos grados.
  El conjunto formado por dos o más inecuaciones lineales con una incógnita se llama sistema de inecuaciones lineales con una incógnita.
  La solución de un sistema de este tipo es un conjunto de números reales que satisfagan simultáneamente todas y cada una de las desigualdades. La solución suele expresarse en forma de intervalo, teniendo en cuenta, si es abierto o cerrado según el

signo de desigualdad que este estableciendo la relación.

Ejemplo:

Para el sistema de inecuaciones siguiente:
$$\begin{cases} 2y + 3 \geq 1 \\ -y + 2 < -1 \end{cases}$$

La solución de la 1ra inecuación es: $[1,\infty)$.
La solución de la 2da inecuación es: $(3,\infty)$
Luego la solución del sistema es:
$[1,\infty) \cap (3,\infty) = (3,\infty)$.

Resuélvelo paso a paso, aplicando los correspondientes postulados

- b.2) Dos inecuaciones, dos incógnitas. Las inecuaciones que forman este sistema pueden ser ambas lineales, ambas cuadráticas o una lineal y una cuadrática.

Es un conjunto de dos inecuaciones de grado uno, con dos incógnitas o variables. El par (s_1, s_2) es solución del sistema si satisface simultáneamente todas las inecuaciones.

La solución general, si existe, es la región delimitada por las soluciones parciales o semiplano, también denominada, región factible.

La resolución de un sistema de inecuaciones se realiza encontrando la región del plano intersección de los semiplanos que son solución de cada una de las inecuaciones que forman el sistema:

Consideremos el sistema formado por dos inecuaciones lineales con dos incógnitas. Representamos, en el plano cartesiano, los semiplanos solución de ambas inecuaciones.

Las soluciones del sistema son las coordenadas de los puntos que pertenecen a la vez a los dos semiplanos solución.

El sistema $\begin{cases} x_1 - 3x_2 < -3 \\ 2x_1 + 6x_2 > 8 \end{cases}$

Es un sistema de ecuaciones lineales de:

dos inecuaciones : 1) $x_1 - 3x_2 < -3$
2) $2x_1 + 6x_2 > 8$

dos incógnitas x_1, x_2

de coeficientes: 1,-3,2,6.

las desigualdades: menor que y mayor que

Ejemplo:

Para el sistema de inecuaciones siguiente:

$\begin{cases} 2y + 3x \geq 1 \\ -y + 2x < -1 \end{cases}$

Para resolver se obtiene la región solución de cada inecuación por separado y luego la región común a ambas serán la solución del sistema.

La región de la 1ra está determinada por la recta de ecuación $y \geq \frac{1}{2} - \frac{3}{2}x$, es decir el semiplano que contiene los puntos mayores a los que determinan la recta, definida por la ecuación obtenida.

La región de la segunda está determinada por la recta de ecuación y>1+2x

Dando valores arbitrarios a x se obtienen valores de y generando coordenadas de los puntos por donde pasa cada recta y el signo de la inecuación determina el semiplano. La zona común de los dos semiplanos es la solución del sistema.

Resuélvelo paso a paso, aplicando los correspondientes postulados y realizando la representación de los semiplanos, que son soluciones parciales y el semiplano solución del sistema

Ejercicios de recapitulación

Para asegurarse que ha comprendido el tema, desarrolle lo indicado a continuación.

0) Respecto a las inecuaciones

   a) Justifica cada afirmación, en el desarrollo de los despejes de las variables en cada sistema resuelto en la lección.

   b) Verifica los valores obtenidos en cada sistema resuelto en la lección.

   c) Escribe un sistema de inecuaciones por cada tipo, expuesto en la lección, desarróllalo y verifica la solución.

   d) Consulta 3 aplicaciones de los sistemas de inecuaciones y desarróllalos.

1) Resolver c/u de los siguientes sistemas de Ecuaciones lineales por:

a.) Eliminación Gaussiana

b.) Reducción de Gauss-Jordan.

Determine cuáles de ellos son consistentes y cuáles inconsistentes. Justifique su respuesta.

a.-) $\begin{cases} 2x + 4y = 26 \\ 5x - 3y = -13 \end{cases}$

b.-) $\begin{cases} x - 4y = 12 \\ 3x + 2y = 8 \end{cases}$

c.-) $\begin{cases} x + 3y = 6 \\ 4x + 12y = 24 \end{cases}$

d.-) $\begin{cases} 2x - 4y = 26 \\ x - 6 = 12y \end{cases}$

e.-) $\begin{cases} 5x = 3y + 7 \\ 15x - 9y = 21 \end{cases}$

f.-) $\begin{cases} 2x + y - z = 3 \\ x - y + z = 6 \end{cases}$

g.-) $\begin{cases} 3x + 4y + z = 4 \\ -6x - 8y - 2z = 7 \\ 12x + 16y + 4z = 3 \end{cases}$

h.-) $\begin{cases} x - 2y + 0z = 6 \\ 2x - y + z = 1 \\ 3z = -2 \end{cases}$

i.-) $\begin{cases} 3x - 2y - z = 1 \\ 6x + 6y + 2z = 3 \end{cases}$

j.-) $\begin{cases} x - 2y = 6 \\ 3x + 4y = -12 \\ 9x + 2y = -6 \end{cases}$

k.-) $\begin{cases} x + y + z = 3 \\ 2x - 3y + 4z = 1 \\ 3x + 2y + 5z = 8 \end{cases}$

l.-) $\begin{cases} x + 4y = 4 \\ 2x - y + z = 1 \\ x + 2z = 4 \\ 2x + 3y - z = 1 \end{cases}$

m.-) $\begin{cases} 2x - 4y + z = 9 \\ x - 3y + 2z = 11 \\ 5x - 4y + 2z = 9 \\ 9x - 14y + 7z = 40 \end{cases}$

n.-) $\begin{cases} 2x + 3y - 8z = 1 \\ x - 2y + 3z = 4 \\ 5x - 3y + z = 13 \end{cases}$

o.-) $\begin{cases} 2x_1 + 2x_2 + 2x_3 = 0 \\ -2x_1 + 5x_2 + 2x_3 = 0 \\ -7x_1 + 7x_2 + x_3 = 0 \end{cases}$

p.-) $\begin{cases} 5x_1 + 5x_2 + 6x_3 = 0 \\ -2x_1 + x_2 + 3x_3 = 0 \end{cases}$

q.-) $\begin{cases} x_1 + 2x_2 - 2x_3 = 0 \\ 4x_1 + 8x_2 - 5x_3 = 0 \\ 3x_1 + x_2 - 6x_3 = 0 \end{cases}$

r.-) $\begin{cases} 3x_1 - 8x_2 = 0 \\ -6x_1 + 16x_2 = 0 \end{cases}$

s.-) $\begin{cases} x_1 + 2x_2 + 4x_3 - 6x_4 = 0 \\ 4x_1 + 11x_2 + 13x_3 - 21x_4 = 0 \\ 14x_1 + 37x_2 + 47x_3 - 75x_4 = 0 \\ 6x_1 + 15x_2 + 21x_3 - 33x_4 = 0 \end{cases}$

Serie Jelu-Ruemar. Scarlet C. Rueda M.

2) Resolver (aplique Gauss-Jordan y eliminación gaussiana).

a.) La suma de los números es 15. El quíntuplo del 1er. Número más el triple del segundo es 61. Encuentre los números.

b.) Una farmacia vende 100 unidades de vitamina A, 50 unidades de vitaminas C y 25 unidades de vitamina D, por un total de 17.50 $; 200 unidades de vitamina A, 100 unidades de vitamina C y 100 unidades de vitamina D por 45.00 $; 500 unidades de vitamina A, 80 unidades de vitamina C y 50 unidades de vitamina D por 64.00 $. Encuentre el costo por unidad de c/u de las vitaminas A, C y D.

c.) Se venden veintitrés baterías eléctricas por un total de 79.20 $. Si el tipo A cuesta 5.00 $, el tipo B, 2.80 $ y el tipo C 1.60 $ por pieza. ¿Cuántas baterías de cada tipo se vendieron?

3) Exprese en forma de ecuaciones c/u de las siguientes matrices ampliadas.

a.-) $[C:D] = \begin{bmatrix} 1 & 4 & 3 & 10 \\ 2 & 1 & -1 & -1 \\ -6 & 4 & 9 & 30 \end{bmatrix}$

b.-) $[C:D] = \begin{bmatrix} -8 & 0 & 3 & 3 \\ 4 & 0 & -1 & 2 \\ 2 & 7 & 0 & 1 \end{bmatrix}$

c.-) $[C:D] = \begin{bmatrix} \frac{1}{2} & 0 & 1 & 10 \\ 2 & -1 & 8 & 3 \\ 4 & 3 & 1 & 6 \end{bmatrix}$

d.-) $[C:D] = \begin{bmatrix} 1 & 0 & 2 & \frac{1}{2} & -6 \\ 0 & 0 & -3 & \frac{1}{4} & -12 \\ 0 & 0 & 1 & \frac{-1}{2} & 31 \\ 3 & 1 & -1 & -1 & 14 \end{bmatrix}$

4.-) Exprese en forma matricial c/u de los sistemas de ecuaciones lineales, dados a continuación.

a.-) $\begin{cases} 2x - 5y = 8 \\ x + 3y - 7 = 0 \end{cases}$

b.-) $\begin{cases} 8x - 4y + 4z = 0 \\ x - 2y + z = 0 \\ 4x + 5y = 4 - 12z \end{cases}$

c.-) $\begin{cases} x \quad\quad - z = 0 \\ \quad y + z = 1 \\ 2x - y - 5 = 0 \end{cases}$

d.-) $\begin{cases} 2x - 3y + z = -3 \\ 4x \quad\quad + 2z = 0 \\ -x + 2y \quad\quad = 2 \end{cases}$

5) Identificar cada relación, dada a continuación; escribiendo el nombre y tipo. Luego resolver de manera ordenada indicando ley, propiedad o definición operacional utilizada.

a) 3x+2=6

b) $4x^2$-4x+1=0

c) 5x-2<3

d) 3x+8>$\frac{5}{2}$

e) $2^{x+5} = 8^{x-3}$

f) $\frac{5^x.5^3}{5^7}=25^{3x}$

g) $9x^4$-25≤0

h) $\log_6 x$=3

i) $|x+2|\geq 8$

j) [-5,5]∪ [-∞,100]

k) (-∞,0) ∩ (-30,0]

l) {1,2,3,4,5,6,7,8,9,0} ∩ ∅

m) sen(45°+30°)=sen45°.cos30°+sen30°cos45°

n) $sen 60^2 + cos 60^2$=1

o) $\frac{y^4-25}{y^2-5}=y^2+5$

p) −x-6=-3

6) Decidir cuáles de las relaciones dadas a continuación son funciones, justifique cada afirmación.

Luego para las que sean funciones realice, para cada una, el estudio es decir escriba el tipo de función y a qué grupo pertenecen (polinómicas, trascendentales o especiales), indique sus elementos, escriba la lectura descriptiva, obtenga las imágenes, indique dominio y rango, clasifíquelas (Inyectiva, sobreyectiva, biyectiva), elabore la representación sagital, la tabular y la gráfica e interprételas.

a) F(x)=$3x^2$+1
F:A={x∈N/5≤x≤10}→B={x∈N/0<x≤350}
b) G(y)=y^3 G:D={0,1,2}→E={-1,0,1}
c) H(t)=$\frac{2t^3}{5}$
H:L={1,2,3}→M={2/5,3/5,16/5,54/5,128/5}
d) V(t)=3/t   V:C={2,4,6,8}→J={1/2,3/2,3/4,3/8}
e) D(l)=±$\sqrt{l^2+2}$ D:{-2,-1,0,1,2}→{-2,2,-4,4,-6,6}
f) P(x)=$\frac{4x^2+8x}{4x}$ P:R→R
g) I(z)=z   I:R→R
h) K(x)=8/3   K:R→R
i) T(v)=10v   T:N→z^+

Contenido	Nº de pagina
Presentación	2
Semblanza de la autora	3
Valor absoluto	4
Funciones	7
Ecuaciones	31
Inecuaciones	40
Sistemas de ecuaciones	50
Sistemas de Inecuaciones	68
Ejercicios de recapitulación	74

Serie Jelu-Ruemar. Scarlet C. Rueda M.

www.ingramcontent.com/pod-product-compliance
Lightning Source LLC
Chambersburg PA
CBHW070811220526
45466CB00002B/641